Über rationelle, rauchfreie Heizung von Backöfen.

Von

W. BUCERIUS,

Ingenieur an der Grofsherzogl. Bad. Landesgewerbehalle in Karlsruhe.

Sonderabdruck aus dem Journal für Gasbeleuchtung und Wasserversorgung.
1905, Nr. 17.

München und Berlin 1905.
Druck und Verlag von R. Oldenbourg.

Seitdem sich in der jüngst verflossenen Zeit bei uns
in Deutschland so gewaltige Änderungen im Wirtschafts-
leben vollzogen haben und Verhältnisse und Einrichtungen,
die Jahrhunderte überdauerten, eine ganz veränderte Ausgestaltung erfuhren, hat die Technik, deren Aufschwung
durch die immer mehr sich bahnbrechende Zentralisation
grofser Massen und Kräfte zu gemeinsamer Arbeit diese Ver-
änderung vor anderen hervorrief, zu den Anforderungen an
Exaktheit, Zuverlässigkeit und Wirtschaftlichkeit der Erzeug-
nisse deutschen Gewerbefleifses auch noch die Forderung
gesellt, dafs das Erzeugnis selbst und seine Herstellung ge-
sundheitlich für direkt und indirekt Beteiligte durchaus ein-
wandfrei sein müsse. Vollkommen in jeder Weise heifst das
Ziel unserer heutigen Technik. Als man dann, von diesem
Grundsatze ausgehend, die Forderung aufstellte, aus den Ort-
schaften, besonders aus den Städten müsse der Rauch ver-
schwinden, mufste man das zunächst wohl als zu weitgehend
und die Durchführung als eine unnötige Belästigung und Er-
schwerung der ohnehin schon nicht gerade günstigen Lage
der dadurch am meisten getroffenen kleineren gewerblichen
Betriebe und besonders der Bäckereien empfinden. Durch
die vielfachen Erörterungen über die Rauchplage in den
technischen und hygienischen Vereinigungen ist dann schliefslich auch die Kunde davon zur Kenntnis der Allgemeinheit
gelangt, und so kam es denn, dafs besonders die Bäckereien
immer mehr durch Klagen und Beschwerden getreuer Nach-
barn zu leiden hatten, so dafs mancher Bäckermeister gern
schon des lieben Friedens wegen Abhilfe schaffen würde,
wenn es sich nur ohne Nachteil und ohne grofse Unkosten

durchführen liefse. Es dürfte somit eine Erörterung über die Möglichkeit, Backöfen rationell rauchfrei zu heizen, nicht nur im allgemeinen Interesse sondern besonders auch im Interesse der am meisten Beteiligten, der Bäckereibesitzer, willkommen sein.

So berechtigt und anerkennenswert es einerseits ist, dafs das deutsche Handwerk in Erinnerung an seine ruhmvolle Vergangenheit fest am Überkommenen hält, und so sehr dies in bezug auf vieles, z. B. auf den festen Zusammenschlufs und gemeinsames Vorgehen in gemeinsamer Sache zu begrüfsen ist, so darf das doch nicht die Veranlassung dazu werden, dafs sich die Handwerker ablehnend allen technischen Fortschritten und Neuerungen gegenüber verhalten. Leider ist das noch vielfach in hohem Mafse der Fall, obgleich von vielen Seiten die Hand zur Vervollkommnung der Betriebsweise geboten wird; eine um so unverständlichere Tatsache, als dadurch der Grofsbetrieb, der seine Existenz doch nur dem heutigen Stande der Technik verdankt, von Tag zu Tag mehr Übergewicht über das Kleingewerbe bekommt. So kann es denn leider auch nicht wundernehmen, dafs ein grofser Teil der Bäckereien in Deutschland noch immer mit demselben Backofensystem arbeitet, das man bei den Ausgrabungen römischer Bäckereien in Pompeji vorfand. Der alte Backofen mit Innenfeuerung für Holz, seltener für Torf, ohne Rost ist noch immer sehr weit verbreitet in Deutschland. Die Anlagekosten eines solchen Ofens sind zweifellos geringer als die irgend eines andern Systems, und als Vorteil kommt weiter hinzu, dafs die Wärmeausnutzung dadurch noch recht gut ist, dafs die Umfassungswände der Feuerung zugleich Heizwände sind, also der Backraum zugleich Heizraum ist. Aber trotzdem mufs der Betrieb eines solchen Ofens kostspielig sein, weil Holz heute als Brennmaterial im allgemeinen zu kostspielig geworden ist. Die Verfeuerung von Torf hat bisher nur lokale Bedeutung erlangt. Aufserdem geht bei einem solchen Ofen alle die Wärme zum gröfsten Teil verloren, welche während der Verbrennung entwickelt wird, solange also das Brennmaterial im Ofen ist; nur mit der nachwirkenden Heizung der erwärmten Wände wird das Brot gebacken, bis sich die Wände wieder abgekühlt haben. Eine solche periodische Heizung ist durchaus unrationell. Trotzdem der Ofen ausgeputzt wird, nachdem das Brennmaterial herausgezogen ist, wird natürlich nur selten eine wirklich reine, saubere Backware aus dem Ofen kommen.

In der ersten Stunde nach dem Entzünden entwickeln diese mit Holz gefeuerten Backöfen einen grauen Rauch, der dadurch entsteht, daß die Gase, welche infolge der Erhitzung aus dem Holz ausgetrieben werden und mit langer leuchtender Flamme brennen, nicht die genügende Luftmenge vorfinden, um vollkommen zu verbrennen, und die außerdem noch dadurch Ruß ausscheiden, daß die Flamme mit den kalten Wänden in Berührung kommt. Nach und nach läßt die Gasentwicklung und damit auch die Rauchbildung nach, bis schließlich auf dem Herde ein an der Oberfläche glühender, der Hauptsache nach nur aus Kohlenstoff bestehender Teil zurückbleibt, der vor dem Backen herausgezogen wird. Diese Backöfen können wohl rauchschwach aber niemals rauchfrei betrieben werden. Als nun Holz mittlerweile ein recht kostbares Brennmaterial wurde, mußte es durch Kohle ersetzt werden, die sich allerdings auf einem Herde ohne Rost nicht gut verbrennen läßt. Man hat dann zunächst Versuche damit gemacht, in die Öfen Kohlenbecken einzuschieben, bis man schließlich vorn an dem Ofen einen Rost anbrachte. Diese Rostbacköfen mit Innenfeuerung stellten schon einen wesentlichen Fortschritt dar, vor allem was Ausnutzung des Brennmaterials anbetrifft, sie lassen aber, wie alle Innenfeuerungen mit direkter Heizung, in bezug auf Reinlichkeit sehr zu wünschen übrig. Wenn man nun bedenkt, wie stark die Rußbildung schon an und für sich bei einfacher Rostfeuerung ist, um wie stärker muß dieselbe erst werden, wenn die heißen Gase mit den Wänden des Backraumes in Berührung kommen, der dann notwendigerweise beim jedesmaligen Heizen zu einer Rußkammer werden muß. Bei Verfeuerung von Braunkohle kommt neben dem Ruß noch die Flugasche als lästige Beigabe. Abgesehen von diesen Nachteilen, läßt sich mit diesen Öfen ein einigermaßen umfangreicher Betrieb nicht durchführen, denn sie können nur unterbrochen, nicht kontinuierlich benutzt werden, man mußte deshalb dazu übergehen, den Feuerraum von dem Backraum zu trennen und bildete so die Backöfen mit Außen- oder indirekter Feuerung aus.

Erst durch Einführung dieser Öfen wurde eine rationelle Betriebsweise und die Einrichtung von Großbäckereien überhaupt möglich. Die Erhitzung des Backraumes geschieht hier entweder dadurch, daß man die Heizgase in Kanälen um denselben herumführt, oder indem durch die Heizgase Röhrensysteme (Perkinsröhren), in welchen sich Heißdampf oder Heißwasser befindet, erhitzt werden; diese Röhren münden in den Backraum und geben dort ihre Wärme ab. Mit derartigen Öfen sind heute die größeren Bäckereien und auch eine Anzahl kleinerer Betriebe ausgerüstet. Brennmaterial ist Braunkohle (Braunkohlenbriketts) und Steinkohle.

Die einzige Möglichkeit, über die Güte eines Backofens ein Urteil zu gewinnen und damit auch zugleich einen Maßstab zur Beurteilung der einzelnen Backofensysteme untereinander zu gewinnen, erscheint dadurch gegeben, daß man die Wärmebilanz[1]) des Backofens aufstellt, indem die Wärmemenge, welche zur Temperaturerhöhung des Brotteiges verbraucht wird, mit der durch das Brennmaterial aufgewendeten Wärmemenge in Beziehung bringt. In Tabelle I ist für einen Brotteig durchschnittlicher Zusammensetzung die Wärmemenge zum Brotbacken aus 100 kg Mehl ermittelt worden. Es ist dabei zu beachten, daß ein Teil des im Teig vorhandenen Wassers verdampft, ein Teil in der Rinde auf ca. 200° und ein Teil in der Krume auf ca. 100° erwärmt wird. 100 kg gewöhnliches (nicht lufttrockenes Mehl) enthalten ca. 15% Wasser und erhalten einen Wasserzusatz von ca. 78 kg. Diese 178 kg Brotteig ergeben dann eine Brotausbeute von 132 kg, also 132% des Mehlgewichts.

Unter Annahme der durch Tabelle I ermittelten Wärmemenge zum Brotbacken aus 100 kg Mehl ist dann in Tabelle II mit Berücksichtigung des Brennmaterialverbrauchs pro 100 kg

---

[1]) Siehe auch Birnbaum »Das Brotbacken«, S. 196.

Tabelle I.

Wärmemenge zum Brotbacken aus 100 kg Mehl.

Anfangstemperatur 20°; spez. Wärme Mehl = 0,3.

46,0 kg Wasser von 20° auf 100° verdampft
= 46 (606,5 + 0,305 · 100 — 20) . . . . . = 28382 WE

Rinde
- 30,6 kg Mehl von 20° auf 200° erwärmt = 30,6 · 180 · 0,3 . . . . = 1652 »
- 7,6 kg Wasser von 20° auf 200° erwärmt = 7,6 · 180 . . . . = 1368 »

Krume
- 54,4 kg Mehl von 20° auf 100° erwärmt = 54,4 · 80 · 0,3 . . . . = 1305 »
- 39,4 kg Wasser von 20° auf 100° erwärmt = 39,4 · 80 . . . . = 3152 »

35859 WE

Tabelle II.

Nutzeffekte von Backöfen.

Backofen-System	Betriebsweise	Brennmaterial	Brennmaterial-Verbrauch pro 100 kg Mehl	Nutzeffekt %
Holzbackofen	wöchentlich	Holz	100 kg	7,5 %
» »	täglich 1 Satz	»	70 »	10,9 »
» »	dauernd	»	20 »	38,3 »
Unterzugsofen	täglich 5 Satz	Steinkohlen	25 »	18,4 »
Heifswasserofen	» 10 »	»	23,1 »	19,6 »
Holzbackofen (Spieler)	» 1 »	Koks	32 »	14,4 »
Unterzugsofen (System Stauch)	» 5 »	»	25 »	18,4 »
Heifswasserofen (König)	dauernd	»	20,5 »	22,5 »

Mehl der Nutzeffekt der einzelnen Backofensysteme zusammengestellt worden. Aus dieser Tabelle geht hervor, dafs die Wärmeausnutzung von der Betriebsweise des Ofens aufserordentlich abhängig ist. Es läfst sich das kurz in die Worte

zusammenfassen: »Je mehr Brot in dem Ofen hintereinander
gebacken wird, desto besser die Wärmeausnutzung«. Grofsbäckereien, welche ihre Öfen dauernd im Betrieb haben, ar-
beiten dadurch so aufserordentlich rationell, so dafs die Brenn-
materialkosten einer Grofsbäckerei pro 100 kg Mehl nur 20 Pf.
betrugen.

Es kommt dies daher, dafs sich der Backraum nach jeder
Schicht auf etwa 100⁰ abkühlt und dann eine entsprechende
Menge Brennmaterial aufgewendet werden mufs, um das Mauer-
werk usw. wieder so weit zu erwärmen, dafs die Backtemperatur
von 230⁰ erreicht ist. Dieses Brennmaterial zum Anfeuern fällt
natürlich bei dauerndem Betrieb weg, bei unterbrochenem
Betrieb beeinflufst es den Nutzeffekt um so ungünstiger, je
geringer die Anzahl der Beschickungen ist; da die Mehrzahl
unserer Bäcker nur ein oder zwei Beschickungen verarbeiten,
so läfst sich ermessen, wie aufserordentlich kostspielig dadurch
der Kleinbetrieb wird. Da ferner an Einrichtung von Genossen-
schaftsbäckereien mit dauerndem Betrieb der Backöfen zurzeit
jedenfalls nicht zu denken ist, so würde sich dieser Nachteil,
der durch das tägliche Anfeuern des Ofens entsteht, nur dann
beseitigen lassen, wenn es gelänge, den Ofen mit möglichst
geringem Abbrand dauernd auf der Backtemperatur zu erhalten, und um dies zu ermöglichen, könnte als Brennmaterial
mit Vorteil nur K o k s verwendet werden, der sich zum Dauer-
brand vorzüglich eignet.

Weist somit der rationelle Betrieb der Backöfen schon
auf die Verwendung von Gaskoks hin, so ist dies in noch
höherem Mafse der Fall, wenn an die Backofenfeuerung die
Forderung gestellt wird, dafs sie rufsfrei oder wie man gewöhnlich sagt »rauchfrei« betrieben werden soll. Welche
Plage gerade die Bäckereien durch ihre Rufsausscheidung in
den Städten bilden, das ist ja zur Genüge bekannt. Betrachten wir die auf Rufsbeseitigung und -verminderung hin-
zielenden Einrichtungen, so wären zunächst die sog. Rauch-
verbrennungsvorrichtungen zu erwähnen, die denn auch
tatsächlich schon für Backöfen erfunden sind. Da man mit
solchen Vorrichtungen bei den Backöfen ebensowenig günstige
Resultate erzielen wird als dies bei den Dampfkesselfeuerungen

der Fall war, so wäre es im höchsten Grade wünschenswert,
wenn von vornherein darauf hingewiesen würde, daſs es unmöglich ist, durch solche Vorrichtungen ruſsfrei zu heizen, um
die Erfinder vor unnötigen Spekulationen zurückzuhalten und
die Bäckermeister vor unnötigen Ausgaben zu bewahren. Von
anderen Wegen, welche zur ruſsfreien Heizung der Backöfen
führen, wäre weiter die sachgemäſse Bedienung oder, wie man
allgemein sagt, »der tüchtige Heizer« zu nennen. Noch weniger
als man hiermit bei den Kesselfeuerungen zum Ziele gelangt
ist, wird dies in Bäckereien der Fall sein, wo wohl nur wenige
Heizer in der Lage sind und den guten Willen haben, rauchfrei zu heizen. Hohe Kamine, welche auch als Abhilfe vorgeschlagen wurden, sind an und für sich schon gerade keine
Zierde eines Städtebildes, sie verteilen wohl den Rauch auf
eine gröſsere Fläche, verdünnen ihn also gewissermaſsen, beseitigen können sie ihn aber nicht. Allerdings schaffen sie
die Beschwerden der nächsten Anwohner einer Bäckerei aus
der Welt, und die entfernter Wohnenden werden sich kaum
über die Ursache der Rauchplage orientieren.

Schlieſslich bleibt somit als einziges und zugleich ratio-
nellstes Hilfsmittel die Verwendung eines rauchfreien Brennmaterials übrig. Praktisch käme hier nur Gas oder Koks in
Betracht.[1]) Mit Leuchtgas sind versuchsweise Backöfen geheizt
worden, und es existieren einige Patente, welche auf die Verwendung dieses Brennmaterials hinzielen, der Betrieb wird
aber zu teuer und die Ausführung solcher Öfen ist über das
Versuchsstadium nicht hinausgekommen, dagegen hat sich für
Konditoreiöfen das Leuchtgas sehr gut bewährt. Die Möglichkeit einer vorteilhaften Verwendung des Leuchtgases scheint
aber bei den Dampfheizbacköfen gegeben zu sein, wo man die
Röhrenenden durch einzelne Gasflammen erwärmen könnte.

---

[1]) Es sei hierbei der Vollständigkeit halber angeführt, daſs
auch die elektrische Heizung von Backöfen praktisch durch-
führbar ist und solche mit elektrischem Strom geheizte Backöfen
tatsächlich in der Schweiz in Betrieb sind. Bei den hohen Kosten
der elektrischen Heizung wird diese aber nur äuſerst selten mit
Erfolg konkurrieren können.

Es gäbe wohl an und für sich nichts einfacheres als in den Backöfen, in welchen Steinkohle auf dem Rost gefeuert wird, diese durch Koks zu ersetzen. Einige Änderungen, welche die Natur dieses Brennmaterials an der Feuerung bedingen würde, liefsen sich leicht anbringen. Der Koks verlangt eine etwas gröfsere Rostfläche, wird in dickerer Schicht und auch mit stärkerem Zuge gebrannt. Tatsächlich sind auch fast alle die zurzeit in kleineren Bäckereien mit Koks betriebenen Öfen mit Koks gefeuerte Steinkohlen- oder Braunkohlenbacköfen. Derartige Öfen könnte ein jeder Backofenbauer für Koks einrichten.

Trotzdem die Erfahrungen mit diesen Öfen günstig lauten, trotzdem die Herstellung gar keine Schwierigkeiten bereitet, sind sie in Deutschland nur in sehr geringer Zahl verbreitet; soweit wir in Erfahrung bringen konnten, sind etwa hundert in Betrieb. Die Ursache dieser geringen Verbreitung ist wohl zum grofsen Teil in dem Umstand zu suchen, dafs es den meisten Bäckereiinhabern zurzeit unbekannt ist, dafs man Backöfen mit Koks heizen kann, und dafs mit diesem Heizmaterial nicht nur ein billigerer, sondern auch ein reinlicherer und einfacherer Betrieb des Ofens als mit Kohle möglich ist.

Als Hauptargument gegen die Koksheizung wird immer hervorgehoben, dafs man für Backöfen nur langflammiges Brennmaterial verwenden könne, denn zur Backofenheizung sei eine gleichmäfsige Verteilung der Wärme über den ganzen Backraum notwendig, und da bei Koksfeuerung die Flamme nur an der Feuerstelle auftritt, könne die notwendige Hitze nicht erzielt werden. Diese durchaus irrige Ansicht geht davon aus, dafs ohne Flamme keine Hitze möglich sei. Es ist leicht erklärlich, dafs diese Vorstellung aus der Beobachtung des Verbrennungsvorgangs von Holz oder Flammkohlen in einem Backofen mit Innenfeuerung entstanden ist.

Die Verbrennung ist ein chemischer Prozefs, die Verbindung von Sauerstoff, der in der Luft enthalten ist, mit Kohlenstoff und Wasserstoff zu Kohlensäure oder Kohlenoxyd und Wasser. Um diesen Prozefs einzuleiten, müssen die Brennstoffe auf die Entzündungstemperatur erhitzt sein. Bei dem Prozefs wird Wärme entwickelt, die teils direkt durch Strah-

lung die Wände der Feuerung usw., teils durch Leitung die
in dem Verbrennungsraum vorhandenen Gase erhitzt. Die
heifsen Gase geben beim Durchströmen der Heizkanäle an
diese ihre Wärme ab, bis sie mehr oder weniger abgekühlt
den Schornstein verlassen. Dieser Vorgang ist bei allen Brenn-
materialien derselbe, und vor allem ist es ganz gleichgültig,
ob diese lang- oder kurzflammig brennen. Die Erscheinung
eines glühenden Gasstroms pflegt man als Flamme zu bezeichnen. Die Farbe und die Leuchtkraft einer Flamme ist
von der Art des Gases und von der Art des in dem Gasstrom
sich abspielenden Verbrennungsvorgangs abhängig, so verbrennt z. B. Wasserstoff- und Kohlenoxydgas mit deutlich
sichtbarer blauer Flamme, während Alkoholdampf nur eine
schwach leuchtende Flamme zeigt. Ist die Verbrennung eines
Gasstroms nicht vollkommen und befinden sich in diesem
noch unverbrannte Kohlenstoffteilchen (Rufs), so werden diese
durch die Flamme zum Glühen gebracht und strahlen ein
stark leuchtendes, rötlichgelbes Licht aus. Die Ursache, dafs
eine Flamme leuchtende Rufspartikelchen enthält, ist mangeln-
der Luftzutritt zum Innern der Flamme — die Flamme brennt
nur am Rande entleuchtet, wo die Luft hinzu kann, während
im Innern der stark leuchtende Teil ist — wie dies bei Holz,
langflammiger Kohle, kurz bei allen gasreichen Brennstoffen
besonders der Fall ist. Der Hauptnachteil des flammenden
Brennmaterials gegenüber dem mit nicht leuchtender
Flamme brennenden ist der, dafs eine leuchtende Flamme
sehr leicht Rufs abscheidet, denn es ist unmöglich, dafs der
in der Flamme glühende Rufs schmilzt oder verdampft,
sondern er kann nur am Aufsenrand der Flamme verbrennen,
und um das zu ermöglichen, mufs Luft und die zur Verbrennung nötige Temperatur da sein. Überall, wo das nicht der
Fall ist, z. B. wenn die Luft zu der Flamme nicht überall
gleichmäfsig hinzukommt, wenn die Flamme mit kühlen
Wänden in Berührung kommt, wenn ein kalter Luftstrom
über die Flamme hinstreicht, wird der Rufs unverbrannt aus-
geschieden. Die Verwendung von langflammigem Brennmaterial ist somit für Backöfen nicht nur nicht notwendig,
sondern sie wird in der Regel nachteilig sein, weil die Tem-

2*

peratur einer leuchtenden Flamme, die aus solchem Brennmaterial gebildet wird, niedriger ist und weil eine solche
Flamme besonders die Rauchbildung begünstigt. Betrachten
wir aber nach diesen Ausführungen den Verbrennungsvorgang
von Koks, so wird sich ergeben, daſs gerade in dem Umstand,
daſs dieser mit kurzer, nicht leuchtender Flamme brennt, die
Gewähr für vollkommene Ausnutzung des Brennmaterials, die
Erzielung hoher Temperaturen und ruſsfreier Verbrennung liegt.

Weiterhin wird gegen Koksbrand vorgebracht, daſs durch
die groſse Hitze, welche dieser auf dem Roste entwickelt, die
Roststäbe verbrennen und infolgedessen häufige Reparaturen
notwendig würden. Hier ist ein ebenso einfaches wie sicher
wirkendes Mittel, das aber unter den unten abgebildeten
Backöfen nur bei wenigen Verwendung gefunden hat, den
Rost zu kühlen, am besten, indem man die unteren Enden
der Roststäbe in Wasser tauchen läſst. Es müſsten hierzu
allerdings besonders hohe Roststäbe, etwa 15 cm hoch, verwendet werden, das spielt doch aber schlieſslich keine Rolle.
Es kommt ferner bei mehrschichtigen Koksbacköfen vor, daſs
der unterste Backraum zu heiſs wird. Hier kann man sich
helfen, indem man die Heizgase zuerst zwischen den unteren
und mittleren Backraum führt, oder indem man den untersten
Heizkanal tiefer legt, oder indem man die Heizfläche dieses
Kanals verkleinert. In sehr einfacher Weise hat z. B. Backofenbauer J. Stauch, Karlsruhe, bei den von ihm für Koksbrand eingerichteten Backöfen durch tieferlegen des Rostes
eine gleichmäſsige nicht zu hohe Backtemperatur erreicht.

Das beste Argument gegen die Einwände, welche sich
gegen die Verwendung von Koks richten, sind aber die aus-
geführten und seit Jahren mit Koks betriebenen Backöfen.
Wenn auch deren Zahl bisher nicht gerade sehr groſs ist, so
sind doch die damit gemachten Erfahrungen fast durchweg
günstig, man rühmt die Reinlichkeit der Feuerung, die lang
anhaltende Backhitze und die Billigkeit des Betriebs.

Die Einrichtung eines alten Holzbackofens für Koks wird
durch die Fig. 1 und 2 erläutert, eine Ausführung von
Rothbrust, Karlsruhe. Im letzten Jahre hat sich Bäcker-

meister Spieler in Ravensburg seinen alten Holzbackofen
für Koksfeuerung umgebaut. Fig. 3 gibt die Ansicht dieses
Ofens wieder, die Ausführung ist dem Erbauer durch D. R. G. M.
geschützt worden.

Wie aus Tabelle II ersichtlich, verbraucht dieser Ofen
pro 100 kg Mehl 32 kg Koks; seitdem dieser Ofen eingerichtet
ist, werden täglich 57 Pf. gespart, das sind im Jahre rund
M. 200, dazu fällt noch die Miete für den Holzlagerplatz weg.
Ferner braucht der Bäckermeister nicht wie beim Holzkauf
sofort ein verhältnismäßig großes Kapital vorrätig zu haben,

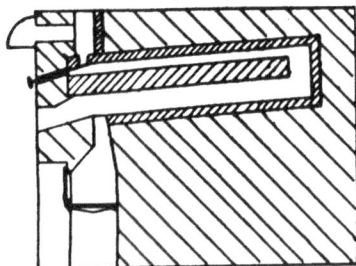 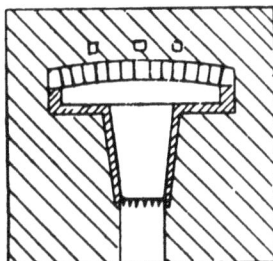

Fig. 1. Fig. 2.

er kauft den Koks in kleinen Portionen, je nachdem 50 Ztr.
oder mehr von der Gasanstalt. Der Umbau eines Holzbackofens in einen solchen nach Spieler würde ca. M. 150 kosten.
Wegen der Ausführung und Einrichtung solcher Backöfen
setze man sich mit Bäckermeister Spieler in Ravensburg in
Verbindung.

In Frankreich ist, nach den Ausführungen im »Le Gas
1894, S. 4« zu urteilen, die Verwendung von Koks zum Heizen
von Backöfen schon in weit größerem Umfange eingeführt
als bei uns. Nach dem System Castermann wird ein Holzbackofen in sehr einfacher Weise dadurch in einen Koksbackofen verwandelt, daß man einen mit brennendem Koks ge-
füllten Kasten in den Backraum einschiebt. Der Backraum wird
so direkt geheizt, um überall gleichmäßige Erwärmung zu erhalten, verschiebt man den Koksbehälter an verschiedenen Stellen.
Dieses System ist wesentlich vervollkommt durch Mousseau.

3

Derselbe bringt in der Längsrichtung des Ofens einen vertieften Kanal an, in welchem ein Kokswagen hin und her bewegt wird. Die Bewegung erfolgt durch Räderwerk von aufsen. Die Heizgase durchstreichen den Ofen und werden dann durch Kanäle um den Backraum herum nach dem Schornstein ge-

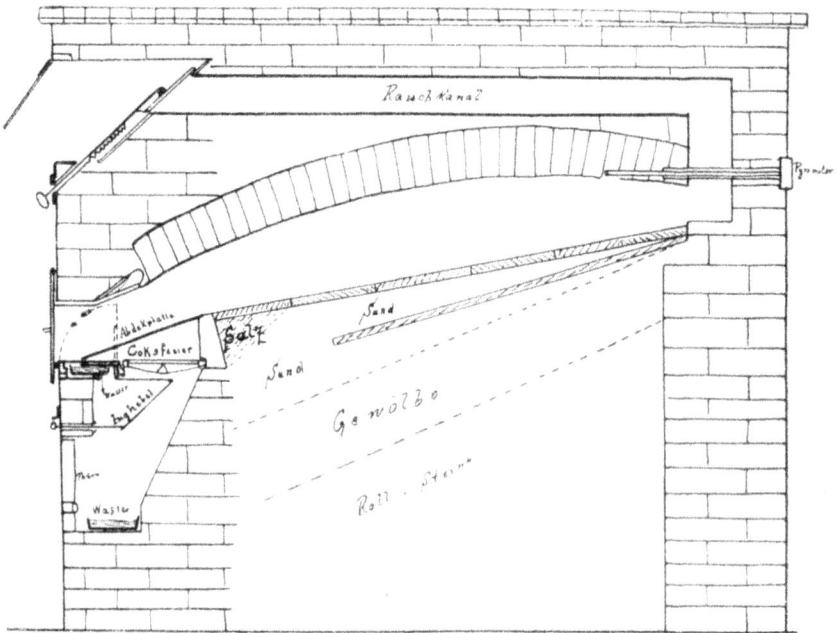

Fig. 3.

leitet, um auf diese Weise ihre Wärme besser auszunutzen. Ist der Backraum heifs, so wird der Kanal durch eine |Platte abgedeckt, und die Heizgase gehen jetzt ausschliefslich durch die Rauchkanäle. Diese Feuerung soll einen Nutzeffekt von 70% ergeben.

Die gröfste Zahl der mit Koks geheizten Backöfen sind Unterzugsöfen, die früher mit Kohle betrieben wurden, wie die Abbildungen Fig. 4 und 5 zeigen. Hierher gehört auch der bereits erwähnte Koksbackofen mit tief liegendem Rost, von Stauch, Karlsruhe. Der Koksverbrauch

Längeprofil

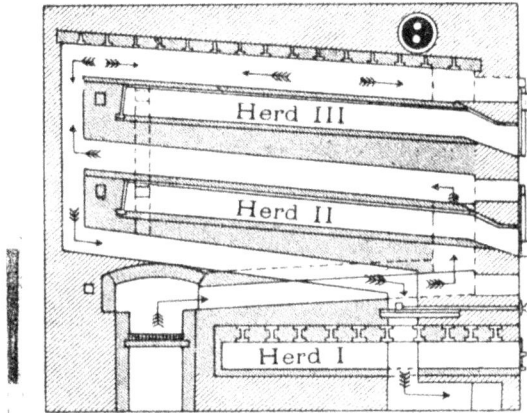

Fig. 4.

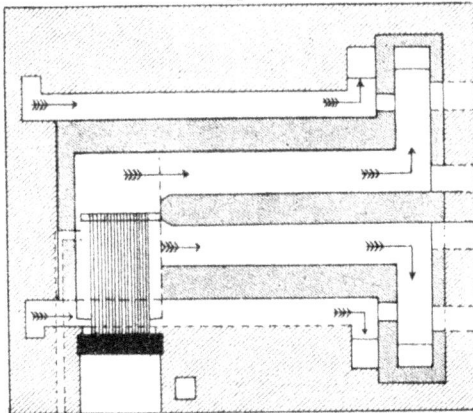

Grundriss I

Fig. 5.

wurde in einer Bäckerei in Karlsruhe zu 25 kg pro 100 kg Mehl ermittelt, so daſs sich der Betrieb auf 55 Pf. pro 100 kg Mehl stellt, wozu noch ein kleiner Betrag von etwa 5 Pf. für Anfeuermaterial kommt. Für französische Backöfen ähnlichen Systems werden bei Koksbrand Nutzeffekte von 21 und 30% angegeben. Fig. 6 und 7 stellt einen Röhrenbackofen von Peter Schlich-Kaiserslautern dar, der mit Koks betrieben wird, unter den Rost wird Wasser zum Verdampfen gestellt.

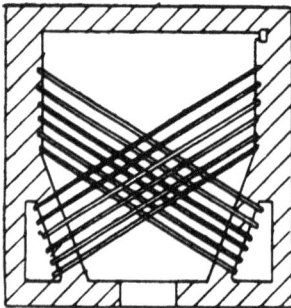 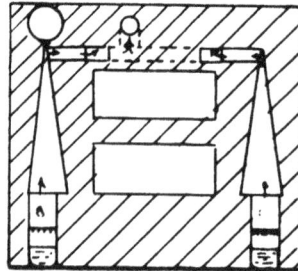

Fig. 6. Fig. 7.

Koksbacköfen finden sich, soweit durch eine Anfrage zu erfahren war, in Betrieb in Karlsruhe, Baden-Baden, Pforzheim, Heidelberg, Augsburg, Ravensburg, Kaiserslautern, Schwäbisch-Gmünd, Elmshorn, Zwickau und an anderen Orten.

Einige Firmen, welche solche Öfen für Koksfeuerung einrichteten sind: J. Stauch, Karlsruhe; A. Stephan, Fraulautern bei Werdau in Sachsen; Ohnemus, Freiburg i. B.; Wilhelm Steinweg, Stuttgart, Bergmüller, Stuttgart; Roelof Berkenbusch, Hannover; Johann Leibrecht, Kirchheim bei Heidelberg u. a.

Die vorteilhafteste Ausnutzung des Brennmaterials wird durch die Gasfeuerung erreicht und ist auch diese schon früher für Backöfen vorgeschlagen worden. Ein derartiger Ofen, wie er bereits in Dinglers Journal 1886, S. 223, beschrieben wurde, ist in Fig. 8 abgebildet. Leider scheint dieser im Prinzip recht gute Backofen sich nicht, jedenfalls nicht in Deutschland eingeführt zu haben, vermutlich wegen der hohen Anlagekosten. In ähnlicher Weise hat sich auch bei Verfeuerung von Braunkohle die Halbgasfeuerung durchführen lassen.[1])

Hierher gehört auch der neuerdings von der Firma Viktor Nettermann in Zittau ausgearbeitete Backofen mit rufsfreier Sparfeuerung, eine sehr gut durchgearbeitete Konstruktion, die mit einigen geringen Abänderungen sich auch zur Heizung von Koks einrichten läfst. (Fig. 9.)

Ingenieur König in Breslau, Inspektor an der dortigen Gasanstalt, gebührt das Verdienst, zuerst eine wirklich rationelle

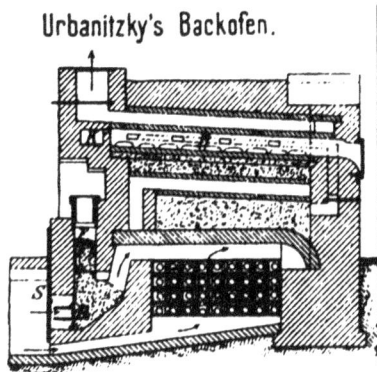

Urbanitzky's Backofen.

Fig. 8.

Feuerung für Backöfen in Vorschlag und zur Einführung gebracht zu haben. Die Koksgeneratorfeuerung, System König, ist in Breslau in zwei grofsen Brotfabriken und Celle in Hannover im Betriebe.

Die sehr günstigen Erfahrungen, welche mit dieser Feuerung gemacht wurden, geben einerseits zu der Annahme Berechtigung, dafs dieser Weg der richtige zur Ausgestaltung der Koksfeuerungen an Bäckeröfen gewesen ist und dafs anderseits diese Feuerung in Grofsbäckereien wohl noch sehr viel Verbreitung finden wird. Im Journ. f. Gasbel. 1904, S. 407, ist wie folgt über diese Feuerung berichtet.

---

[1]) Beschrieben und abgebildet sind solche Feuerungen in dem Werk: Fleischer, Das Backofenbauwesen.

Die Breslauer Konsumvereinsbäckerei, die bislang ausschliefslich mit Steinkohlen arbeitete, ging zwecks Beseitigung
der Rauch- und Rufsbelästigung zur Koksfeuerung über,
zuerst versuchsweise, dann dauernd, weil das Ergebnis ein
nach jeder Richtung überraschendes war. Die Qualität der

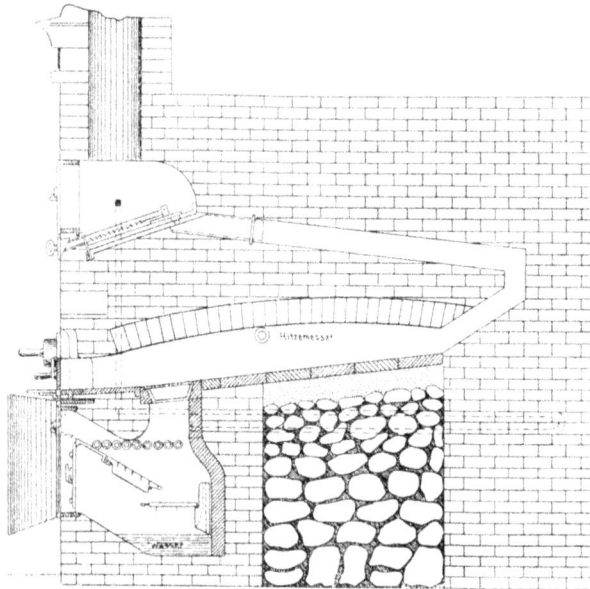

Fig. 9.

Backware war tadellos. Die Betriebskosten verringerten sich,
abgesehen von sonstigen empfehlenswerten Eigenschaften des
Koks. Auch Schwierigkeiten beim Feuern mit Koks traten
nicht hervor.

Es dürfte sich der Mühe lohnen, diese Feuerung in
Kürze zu erläutern.

Die in Rede stehende Koksgeneratorfeuerung besitzt zur
Erzeugung von Wassermischgas D. R. G. M. 172185, deren
Konstruktion durch die nachstehende Fig. 10 im Längsschnitt
zur Darstellung gebracht ist, alle Eigenschaften, welche von

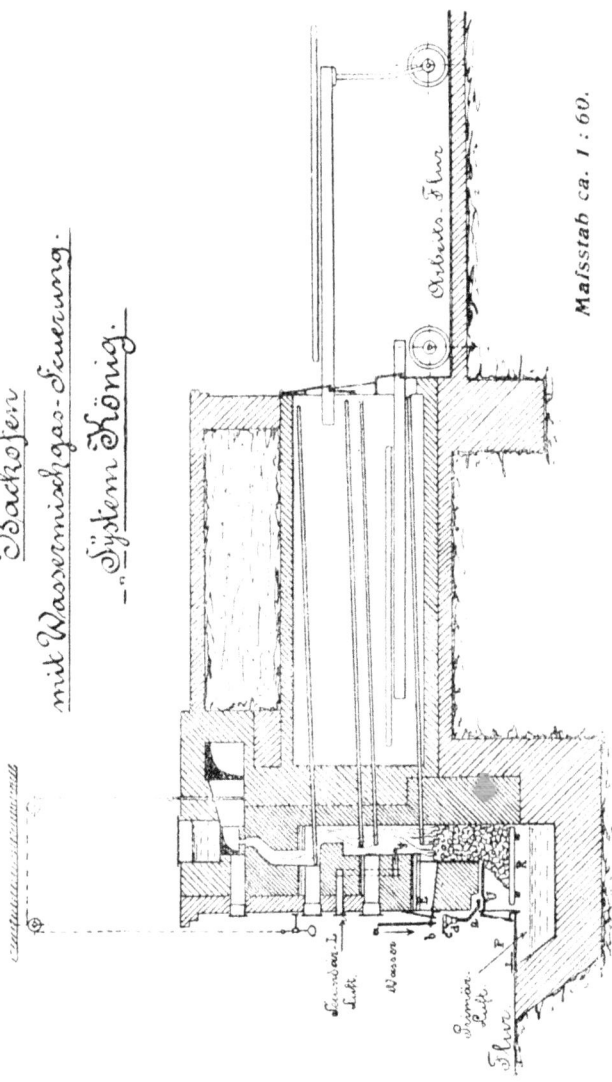

Backöfen
mit Wassermischgas-Feuerung.
„System König.“

Maſsstab ca. 1 : 60.

Fig. 16.

einer guten Backofenfeuerung verlangt werden müssen. Bei
dieser Feuerung wird die Verbrennung in zwei Teile zerlegt,
und zwar:

1. in eine unvollkommene Verbrennung bzw. Zerlegung
   in Kohlenoxyd und Wasserstoff;
2. in die Verbrennung der vorstehenden Gase unter
   nochmaliger Zuführung von vorgewärmter Luft.

Der Vorgang ist folgender: Der Koks, welcher durch
die Einwurftür E (Fig. 10) in etwa 65 cm hoher Schüttung
auf den Rost R gebracht wird, verbrennt infolge dieser hohen
Schüttung durch Zuführung von Primärluft, welche durch
den Schieber P auf dem Wasserkasten eintritt und nachdem
sich dieselbe noch vorher, wie unten beschrieben, mit Wasserdampf gemischt hat, und Wasserdampf über dem Rost zu
Kohlenoxyd, Wasserstoff und dem neutralen Stickstoff der
Luft, welche Gase man mit dem Kollektivnamen Wassermischgase bezeichnen kann. Durch die Beimengung von
Wasserdampf erzielt man einerseits eine wirksame Abkühlung
des Rostes und des Schamottemauerwerks, anderseits einen
höheren Heizwert der erzeugten Gase, indem der Wasserdampf durch die glühende Koksschicht in Wasserstoff und
Sauerstoff zersetzt wird und der letztere seinerseits mit Koks
Kohlenoxyd bildet. Die so über dem Rost R sich bildenden
Wassermischgase werden über der glühenden Koksschicht in
gewünschter Höhe unter Zuführung von vorgewärmter Sekundärluft bei y y mit langer Flamme zu Kohlensäure und
Wasserdampf verbrannt und erhitzen bei den bekannten
Dampfbacköfen die etagenförmig angeordneten Heizungs-
rohre in wirksamer Weise. Die Wassermischgasfeuerung ist
somit völlig rauchlos. Es entweichen nur Produkte einer
vollkommenen Verbrennung.

Die Zuführung des Wassers geschieht durch die Zu-
leitung a, und reguliert wird das Wasserquantum durch den
Auslaufhahn b. Das Wasser fließt vom Auslaufhahn b in
den Trichter c, welcher in der auf dem Wasserrohr aufge-
schraubten Muffe d steckt, um den Zufluß des Wassers
leichter beobachten zu können. Aus dem Trichter c fließt

das Wasser durch das Rohr *e* auf die Mitte der nach innen
geneigten Unterlagsplatte *U*, wo es verdampft. Der Wasserdampf mischt sich mit der bei *P* eintretenden Primärluft
und verwandelt sich in der glühenden Koksschicht in Wassermischgas. Die Zuführung der Primärluft wird durch den
Rauchschieber über dem Ofen reguliert. Die Zuführung und
Regulierung der Sekundärluft geschieht durch den Luft-
schieber *L* in der Rückwand des Ofens. Die Feuerung ist
nur während des Heizens des Backofens im Betriebe, während
des Backens wird die Verbrennung durch Absperren des
Wassers und Primärluft unterbrochen. Die Erfahrung hat
gezeigt, daſs das Brennmaterial etwa nur alle zwei Stunden
eingebracht zu werden braucht, und daſs das Schlackenziehen
sich nur alle acht Stunden nötig macht, weil die Bildung
gröſserer Schlackenmassen durch die Einführung von Wasserdampf vermindert wird. Die angegebenen Zeiten variieren
natürlich mit der Beschaffenheit der jeweilig verwendeten
Kokssorte. Die Feuerung besitzt auch die Eigenschaft, daſs
der Backofen lange Zeit auſser Betrieb gestellt werden kann,
ohne daſs das Feuer verlischt. Auſserdem werden bis zu
25 % an Brennmaterial anderen Feuerungsanlagen gegenüber
gespart. Der Verschleiſs des Feuerherdes ist infolge der
Eigenart dieses Verbrennungsorganes belanglos. Die Bedienung der Feuerung ist die denkbar einfachste. Von
Wichtigkeit ist auſserdem der Umstand, daſs die Reinlichkeit bei der Koksfeuerung im Vergleich zu den Betrieben
mit Stein- und Braunkohlen nichts zu wünschen übrig läſst.

Aus allen diesen Mitteilungen geht zur Genüge hervor,
daſs mit der Verwendung von Koks für die Bäckereibetriebe
Vorteile nach jeder Richtung hin verbunden sind, neben
der vollständigen Beseitigung von Rauch und Ruſs. Die
Koksfeuerung kann und muſs somit für Neu- und Umbauten
nur empfohlen werden.

Der Direktion des Breslauer Konsumvereins kommt das
groſse Verdienst zu, in ihrem Bäckereigroſsbetriebe zuerst die
ausschlieſsliche Koksfeuerung eingeführt zu haben und so
für alle Bäckereibetriebe vorbildlich zu werden. Die Bäckerei
des Breslauer Konsumvereins, welche eine der gröſsten, wenn

nicht überhaupt die gröfste Bäckerei des Kontinents ist, hat im vergangenen Sommer sämtliche 23 Doppel-Dampfbacköfen mit Koksfeuerung versehen und werden täglich bis 10000 kg Gaskoks verfeuert. Auch die neue Bäckerei der Breslauer Kolonialwarenhändler arbeitet mit dieser Feuerung. Bemerkt wird noch, dafs sowohl der Erweiterungsbau der ersteren als auch der Neubau der letzteren nur unter der Bedingung genehmigt worden sind, dafs ausschliefslich Koks zur Befeuerung der Backöfen verwendet wird.

Die Ausführung derartiger Feuerungen haben die Vereinigten Schamottefabriken in Saarau i. Schl. übernommen, die auch gern weitere Auskünfte erteilen.

In neuester Zeit tritt die bekannte Heizungsfirma Bernhard Oelrichs, Frankfurt a. M., mit einem neuen Patent-Gliederbackofen heraus, dessen Konstruktion sich an die der Gliederdampfkessel der Zentralheizungen anlehnt. Da dieser Ofen durch die Anordnung der gufseisernen Hohlglieder ebenso für eine gleichmäfsige Verteilung der Wärme wie für gute Wärmeausnutzung sorgt, so werden die bisher mit ihm bei den Versuchen erzielten günstigen Resultate sich auch im Dauerbetrieb bestätigen und einen sehr rationellen Betrieb erwarten lassen. Dadurch, dafs diese Gliederbacköfen auch für Verfeuerung von Koks gebaut werden, würde mit der rationellen auch die rauchfreie Heizung ermöglicht werden. Bei der Bedeutung, welche diesem neuen Backofen zukommt, wird eine kurze Beschreibung an Hand der Fig. 11 und 12 willkommen sein, und zwar ist die Ausführungsform mit Koksgasfeuerung gewählt worden.

Die Beheizung der Backräume erfolgt mittels der an der Rückseite des Apparats befindlichen Feuerung F. R sind Roste, der eine schräg, der andere horizontal F ist die Einfeuerung, P ist eine mit wellenförmigen Riefern versehene gufseiserne Platte, auf welche das zu verdampfende Wasser auffliefst. Unter dem wagerechten Rost befindet sich noch aufserdem die mit Wasser gefüllte Schale W. Durch die regelbare Luftklappe L wird an der Feuerbrücke stark erwärmte Luft zur Verbrennung zugelassen. Die Klappe L dient, wenn geöffnet, zur Beförderung der Verbrennung. Die Verbrennungsgase ziehen durch den Zug K nach K_1, wo dieselben durch seitwärts liegende Öffnungen nach K_2 und von dort in

Schnitt A B

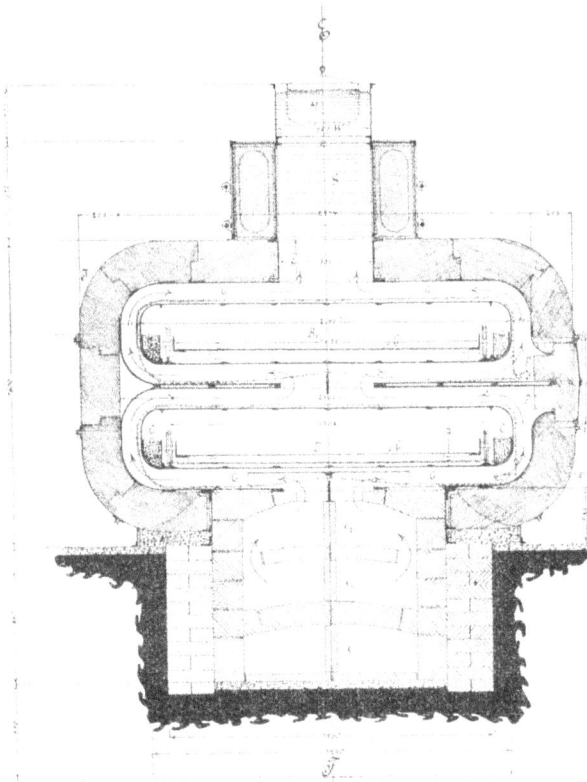

Fig. 11.

die Ringglieder ziehen. Die Gase durchstreichen die Ringglieder, welche die Backräume bilden, und werden durch den Sammelkanal S nach dem Schornstein abgezogen.

Um den Vorteil der Koksgasfeuerung auch dem kleinsten Bäckereibetriebe zu erschliefsen, ist der in Fig. 13 prinzipiell

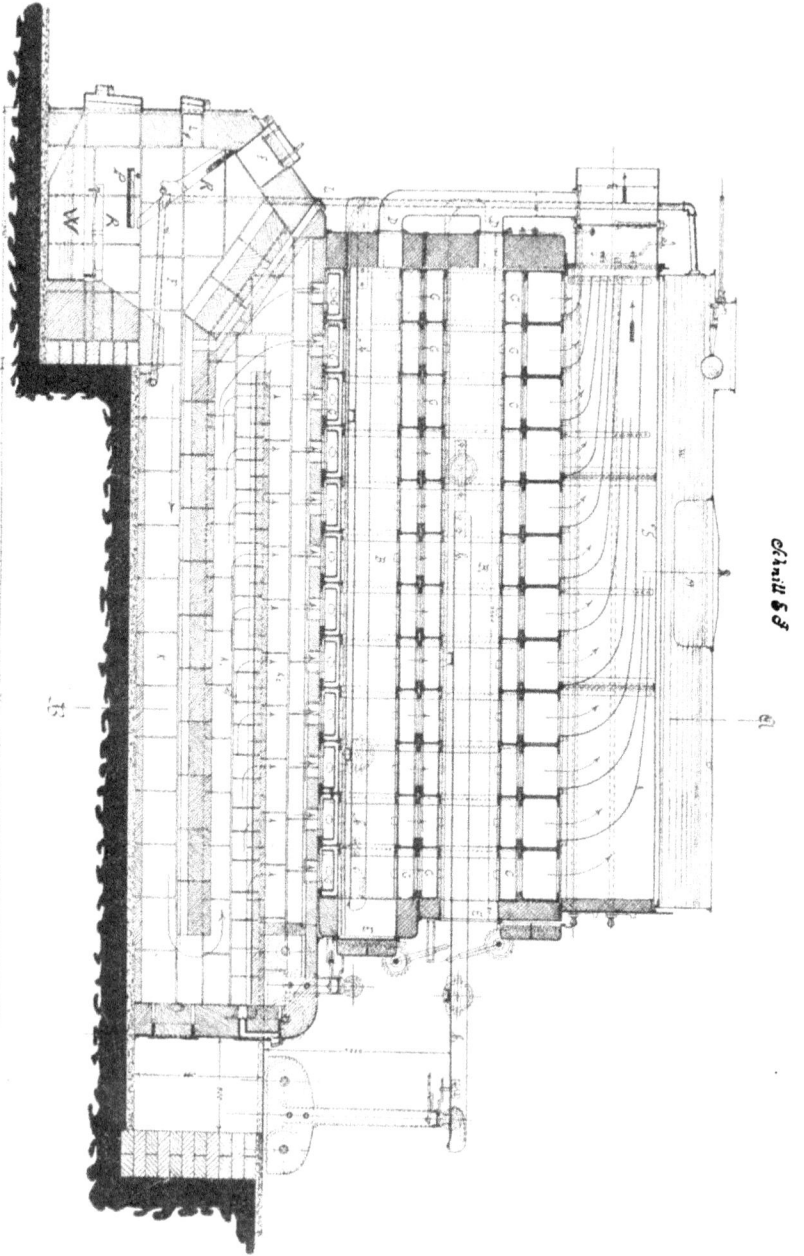

Fig. 12

Abth. 5.ª

dargestellte Backofen mit Koksfüllfeuerung vom Verfasser entworfen worden.

Der Einfachheit halber ist in der Abbildung, welche nur das Prinzip andeuten soll, ohne etwa eine Ausführungszeich-

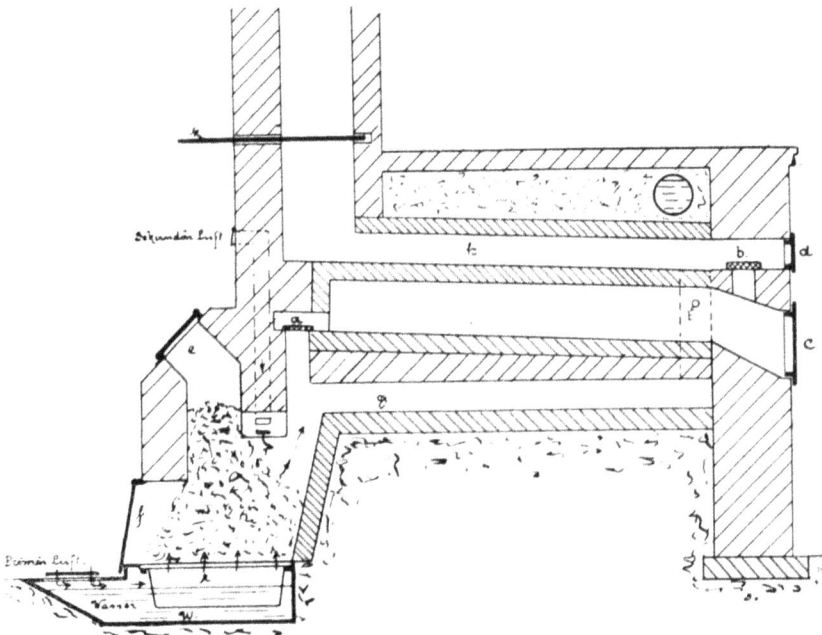

Fig. 13.

nung zu sein, nur ein Backofen angenommen worden. Mit derselben Feuerung würden sich aber ohne weiteres zwei- und dreischichtige Öfen heizen lassen. Die Feuerung wurde hinten angeordnet, dieselbe kann ebensogut vorn wie seitlich angebracht werden.

Die Füllfeuerung ist auch eine Gasfeuerung; bei ihr findet ebenfalls zunächst eine unvollkommene Verbrennung zu Kohlenoxyd- und Wasserstoffgas statt, die dann zu Kohlensäure und Wasserdampf vollkommen verbrennen.

Der Koks wird durch den Füllschacht e eingebracht und bildet auf dem Rost eine ca. 60 cm dicke Schicht. Die Roststäbe (Perretrost) sind hoch, plattenförmig ausgestaltet und tauchen in das Wasser des Wasserschiffes. In diesem wird das Wasser durch die heifsen Roststabplatten verdampft und wärmt zugleich die über demselben hinstreichende »Primär« (Vergasungs-) Luft an. Die Tür *f* dient zum Abschlacken und ist für gewöhnlich fest verschlossen. Beim Durchstreichen der Vergasungsluft durch die dicke Koksschicht bildet sich Kohlenoxyd und Wasserstoff, welche dann durch die an der Feuerbrücke austretende, vorgewärmte Sekundär- (Verbrennungs-) Luft zu Kohlensäure und Wasserdampf verbrannt werden.

Die heifsen Verbrennungsgase streichen um den Backraum in den Kanälen *g* und *h* herum nach dem Schornstein *i*. Die Regulierung der Hitzentwicklung erfolgt durch Beschleunigung oder Verlangsamung der Verbrennung durch Verstellen des Rauchschiebers *k* und der Eintrittsöffnungen für die Luft. Wenn nicht gebacken wird, so läfst man die Feuerung nicht ausgehen, sondern stellt die Rauchschieber und die Luftöffnung so, dafs das Feuer schwach mit geringem Abbrand fortglüht. Schon diese Möglichkeit allein, mit der Füllfeuerung einen kontinuierlichen Betrieb des Backofens zu erhalten, bedeutet für die Bäckereien einen grofsen Vorteil, würde doch ein solcher Betrieb eine grofse Ersparnis an Zeit und Bedienung zur Folge haben, denn an Stelle des Anheizens wäre nur notwendig, etwas Koks nachzufüllen und den Luftzutritt auf stärkeres Feuer zu regulieren. Eine weitere Temperaturregulierung soll dadurch erreicht werden, dafs der Ofen auch direkt geheizt werden kann, d. h. dafs ihn die heifsen Verbrennungsgase durchstreichen; es geschieht dies durch Wegnehmen der Verschlufsplatten auf den Öffnungen *a* und *b*. Die Gase treten dann bei *a* in den Backraum und verlassen ihn bei *b*. Ferner kann man die Temperatur in dem Backraum dadurch erniedrigen, dafs man die Schruft und die Öffnung *a* öffnet, es tritt dann kalte Luft durch den Backraum in den Schornstein und kühlt den ersteren ab. Die Temperatur, es sind ca. 200 bis 250⁰ notwendig, wird durch das Thermometer beobachtet. Durch den Kanal *b* könnte auch der Schwaden abziehen.

So würde die Koksfüllfeuerung alles das, was man von einer Backofenfeuerung verlangen kann, in sich vereinigen, sie wäre rationell, einfach zu bedienen, leicht zu regulieren, reinlich und rauchfrei. Dies wäre die Richtung, welche in dem Ausbau der Koksfeuerungen für Backöfen eingeschlagen werden müßte, so daß dann durch Einführung der Koks-feuerung auch in dem kleinsten Betriebe, was Ausnutzung des Brennmaterials und somit Billigkeit der Betriebskosten anlangt, der höchste Grad der Vollkommenheit erreicht werden könnte.

Fassen wir nun noch einmal das Ergebnis unserer Er-örterung über rationelle und rauchfreie Heizung der Backöfen zusammen, so wäre festzustellen:

1. Die rationellste Betriebsweise einer Feuerung ist die rauch- oder rußfreie, dieselbe hat die billigsten Betriebskosten.

2. Rußbildung wird bei Backöfen am einfachsten ver-mieden durch Verwendung des rauchfreien Brennmaterials, Koks (Gaskoks am billigsten).

3. Koks kann in jeder für Kohlen eingerichteten Feue-rung mit geringen Abänderungen derselben gebrannt werden.

4. Der billigste und vollkommenste rauchfreie Betrieb eines Backofens kann durch die Füllfeuerung mit Gaskoks erreicht werden.

Es wäre für die Gasanstalten von großem Vorteil, wenn sie an der Einführung und dem weiteren Ausbau der mit Koks geheizten Backöfen mitarbeiten würden, nicht allein darum, weil dadurch Gelegenheit geboten würde, das Absatz-gebiet für Gaskoks zu erweitern und um einen praktischen Erfolg in der Lösung der Rauchfrage in den Städten zu er-zielen, sondern auch mit Rücksicht darauf, daß sie hierdurch zur Verbilligung des Betriebs unserer Kleingewerbetreibenden beitrügen und somit eine volkswirtschaftlich sehr dankbare Aufgabe lösen würden.

www.ingramcontent.com/pod-product-compliance
Lightning Source LLC
Chambersburg PA
CBHW081248190326
41458CB00016B/5962

9 783486 731828